できる自由研究

小学 3・4 年生

NPO法人ガリレオ工房 編著

目次

もくじ

実験

じっけん

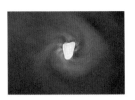

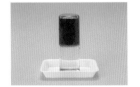
観察

かんさつ

✂ 工作

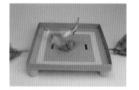
✐ 調査

ひろとくん　　　べーきち　　　めいちゃん

自由研究を
レベルアップ

あ　めいちゃん
こっちこっち〜

ひろとく〜ん

めいちゃん　浴衣姿
かわいい〜ねえ

ありがとう♪

デレ
デレ

見て見て！　今年は自由研究で
きんちゃく袋をつくってみたの

ジャーーン

おー!!
すご〜い!

でも　ほとんど　お母さんに
手伝ってもらったんだあ
もっと自分でやらないと……

ぼくなんて
まだ何も手を
つけてないよ

えへへ

あれ？　なんか
聞こえない？

うん……
なんだろう

ひゅううらら〜〜〜〜

ち　近づいてきた！

どろどろどろどろ

こーんばーんは!

わっ

でたぁぁぁ!!

4

ぼくは　オバケの　べーきち
きみたちの　自由研究を手伝うからさ
友だちになってよ

え　手伝って
くれるの?

やったぁ!

やっぱり
オバケって
いたんだ……

べ　べーきち
ぼく　今年の自由研究は
レベルアップしたいんだ

1.2年生の
ときよりもね!

べーきちヨーヨー♪

びょ〜ん

それじゃあ
3・4年生の自由研究は
やる前に予想を立てたり
しっかり記録をとったり
してみようか

うん!

予想……　そうだ!

あ!

べーきち　きんちゃく袋になりそう!
これも予想?

まず自由研究は
テーマ選びが大事だよ

テーマ

えらび?

なんで?　どうして?
って思ったことを　テーマに
選んでチャレンジしてみよう!

探究心!

テーマが決まったら
見通しをもって始めよう!
これから紹介する「科学の方法」を
参考にするといいよ

はーい!!

おー!!

実験や観察から得た
データに基づいて
自分の考えを確かめよう!

ふむふむ

科学の方法

① 疑問
「不思議だな」「知りたいな」
「どうなるのかな」と思う気持ちをもつ。

② 予想
「こうなるはずだ」「こうすればうまくいく
はず」と予想を立てる。

「科学の方法」を使うと
研究の仕上がりがよくなるよ!

③ 実行
実験・観察・工作・調査をやってみる。

④ まとめ・考察
結果を文・絵・表・グラフなどでまとめる。
結果からわかったこと、思ったこと、
感じたことを、文や絵で表す。

⑤ 発表
まとめたことをみんなの前で発表する。

よーし!!

今年は
このやりかたで
やってみよう!

ぐっ

うまくいきそうな
方法を考えてみよ～

自由研究は　大きく　わけて　4つあるよ

4っ!

実験

工作

観察

調査

自由研究は「自由」というぐらいだから

自由な研究

いろいろなやりかたがあっていいんだね

1・2年生はまず「疑問」に思うこと

なるほど!

3・4年生は「予想」と「実行」がポイントになるよ

5・6年生になったら「まとめ」と「考察」そして「発表」に力を入れよう!

表やグラフに見やすくまとめよう

わかりやすく伝えよう

まとめ

よし!!

それじゃあ　さっそく自由研究をはじめよう!

おー!!

実験 アートべっこうあめをつくろう!!

くわしくは ▶▶ p32

器をじゅんび

カット！
水
水

小さななべに大さじ3杯の砂糖を入れ、砂糖の上に大さじ3杯の水をたらす。

火にかける

まぜ まぜ

ぐつぐつと砂糖液が煮立ってきて、少し黄色に色が変わってきたら火をとめる。

砂糖液を1〜2分冷やして　水の中にゆ〜っくりたらすよ

そろ〜り……

水の中であめが固まるので、わりばしでゆっくり引きあげて取り出す。

すぐに水だけを捨てて、ペットボトルから取り出したら完成。

全部入れたら　できあがり！器からあめを取り出そう

ジャ〜

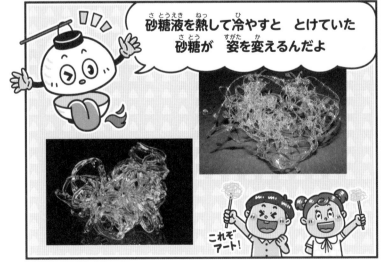

砂糖液を熱して冷やすと　とけていた砂糖が　姿を変えるんだよ

これぞアート！

とがった部分で　口の中をケガすることがあるから食べるときは気をつけてね！

いただきま〜す！

あっ！

くわしくは ▶▶ p42

あっ虫だ

ねえ べーきち なんで虫って 光（ひかり）に集（あつ）まるの?

お! 自由研究（じゆうけんきゅう）の 第一歩（だいいっぽ）だね

夜活動（よるかつどう）する虫（むし）は 月明（つきあ）かりをたよりに 森（もり）の外（そと）に出（で）て 遠（とお）くに移動（いどう）するから 明（あか）るいほうに向（む）かって飛（と）ぶ 習性（しゅうせい）がある と考（かんが）えられているんだ

へえ〜 おもしろいね! よおし ぼくは今年（ことし）の自由研究（じゆうけんきゅう）で いろんな虫（むし）を 観察（かんさつ）してみる!

それじゃあ さっそく しかけを準備（じゅんび）しよう!!

あっ! 森（もり）や林（はやし）での昆虫採集（こんちゅうさいしゅう）は 大人（おとな）といっしょにね!

次（つぎ）の日（ひ）

じゅんび

ロープは すべりにくい モノ!!

２ｍほどの間（かん）かくの２本（ほん）の木（き）の間（あいだ）に ロープを張（は）る。軍手（ぐんて）をはめて、たるまないようにしっかり張（は）るのがコツ。

１枚（まい）のシーツの長（なが）い辺（へん）の両（りょう）はしをロープにしばりつける。もう１枚（まい）のシーツは、下（した）にしく。

ロープの中心に蛍光灯をひもでつるす。ブラックライトがあれば、そのちかくにつるす。

べーきち　おいで〜
今日（きょう）は　絵本（えほん）を読（よ）んであげる

わーい!

氷（こおり）たっぷりのグラスに
サイダーを注（そそ）いで……
さあ　準備完了（じゅんびかんりょう）!

おいしそー!

むかしむかし
あるところに……

むすめは　おじいさんと
おばあさんに　こう言（い）いました
けっして　中（なか）をのぞかないで
くださいね……

そして
つるは山（やま）へ
飛（と）び去（さ）って
いきました

おしまい

あっ!

グラスが
びしょぬれ!

びちゃ〜

冷（つめ）たい飲（の）み物（もの）を
入（い）れたグラスの
表面（ひょうめん）に　水滴（すいてき）がつく理由（りゆう）は
結露（けつろ）と同（おな）じしくみだよ

グラスのまわりの空気（くうき）が
冷（ひ）やされて　空気中（くうきちゅう）の水蒸気（すいじょうき）が
水滴（すいてき）となって　グラスに
付着（ふちゃく）しているんだ

温度（おんど）が
低（ひく）い空気（くうき）

温度（おんど）が
高（たか）い空気（くうき）

そうだ!　めいちゃん
つるのおん返（がえ）し　みたいに
織（お）り機（き）で　コースターを
つくってみようよ!

わーーい‼

用意するもの

毛糸（けいと）

牛乳（ぎゅうにゅう）パック

はさみ

穴（あな）あけパンチ

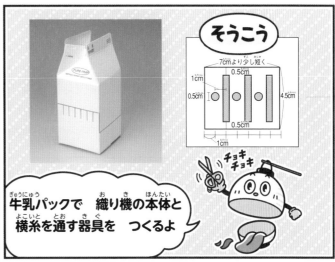

そうこう

7cmより少し短く

1cm
0.5cm
0.5cm
0.5cm
4.5cm
1cm

チョキチョキ

牛乳（ぎゅうにゅう）パックで　織（お）り機（き）の本体（ほんたい）と
横糸（よこいと）を通（とお）す器具（きぐ）を　つくるよ

6本（ぼん）の毛糸（けいと）を
たて糸（いと）にするよ

本体（ほんたい）と
[そうこう]に
糸（いと）を通（とお）してね

切（き）り取（と）った牛乳（ぎゅうにゅう）パック
の両側（りょうがわ）に半円（はんえん）の切（き）れこみ
を入（い）れ、横糸（よこいと）を通（とお）す道具（どうぐ）
をつくり、毛糸（けいと）をまく。

毛糸（けいと）を[ひ]にまく
回数（かいすう）は　毛糸（けいと）の太（ふと）さに
よっても　変（か）わるよ

ひ

[そうこう]を上（あ）げ
下（さ）げして[ひ]を通（とお）す

UP
DOWN

[そうこう]を
手前（てまえ）に引（ひ）く

[そうこう]を手前（てまえ）に引（ひ）
いて、織（お）り目（め）を整（ととの）える。
これらをくり返（かえ）し、最後（さいご）
まで織（お）る。

糸（いと）を結（むす）んで　たて糸（いと）を
切（き）りそろえたら
コースターの完成（かんせい）！

ピース！

おいし♡

♪

13

ねえねえ　べーきち
ぼく　今年の自由研究で
環境について考えてみようと
思うんだ

お!
いいね

まずは　身近な環境を
知ることから
はじめてみるといいよ

ひろとくんの家のまわりに
川や池ってあるかな?

川か池かぁ……

えへん

あるある!
近くに畑があるから
用水路なんかもあるよ

あっ!

それじゃあ
身近な水を　調べてみよう!

地図をコピーして
水がある場所を
探そう

MAP

お一!!

家の中にある水も
調べてみるね〜

水

調査開始!

パパ

川や池は大人と
いっしょに行こう!

水の色やにおいを
観察してみよう

① 川を観察する

ななし川
8月11日 はれ
水温：16℃
水量：おおい

② 水をくむ

③ 水を観察する

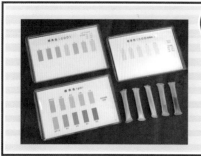

パックテスト® を使って
水質検査もやってみよう!

2かな!

COD とは、水中の汚れ（有機物）を化学的に
分解しようとしたときに必要になる酸素の量の
こと。水の汚れ具合の目安になる。

自由研究のテーマ決めの
ポイントは2点

テーマを決めたら
3・4年生は「予想」と
「実行」に力を入れよう

なるほど！

●不思議だと思う気持ちが大事
●知りたいことをはっきりさせる

予想

見通しを
もとう

●予想を立てよう
実験や観察では、やる前に予想を立てよう。正解したときはうれしいよね。でも、予想と結果がちがったときはチャンスだよ。なぜなら、意外性のある結果は、新しい発見につながる可能性が高いからなんだよ。

●計画を立てよう
かんたんな実験であれば、頭の中で、手順をイメージしておこう。どんな材料が必要で、どのような方法で行うのか、どれくらいの時間がかかるのかを考えよう。ふくざつな場合は、ノートに書いておくといいよ。テーマによっては、数日かかるので、結果をまとめる時間も考えて計画を立てよう。

●必要な材料をそろえよう
実験や観察に必要な材料が全部そろっているか、確認しておこう。作業のとちゅうで、材料がなくて中断してしまうのは、能率的ではないよね。なるべく家にあるものを使い、使っていいかどうかを家の人に聞こう。

●図書館に行こう
事前に本で下調べをすることは、とても大切だよ。研究で「発見した！」と思ったことが、あとで本に書いてあるのを知ったら少し残念だよね。科学者も、同じように必ず下調べをしてから研究をするんだ。本の探し方を図書館の人に教わるといいよ。百科事典を使うのもいい方法だね。

●わからないことは大人に相談しよう
調べてもわからないことがある場合は、先生や家の人に相談してみよう。Webサイトで調べるのもいいけれど、サイトによっては、まちがった情報がのっていることもあるので、大人といっしょに調べるといいね。

予想はクイズみたいに
自分で問題を出すんだ

実行

やってみよう

実験や観察は　時間を
かけることも　必要!

●実験や観察、調査は根気よく続けよう
実験や観察はなるべく早くやってしまおうと
思わないことが大事だよ。時間をかけること
も必要なんだ。特に生き物を育てる場合は、
毎日欠かさず観察をしよう。実験も、1回で終
わらせず、何回かやって、同じようになるか、
平均を調べるといいよ。

●手順を守ってていねいにやろう
実験は手順を守って、ていねいにやろうね。
ただまぜるという作業でも、乱暴にまぜたと
きと、そっとまぜたときとでは、結果がちがっ
てくることもあるんだ。科学者もここは結果
に左右すると思ったときは、しんちょうに作
業を行うよ。

●しっかり記録をとろう
調べたことは、正確に記録することが大切だ
よ。結果だけでなく、気温や天気なども記録
しておくと、あとでまとめるときに役に立つこ
とがあるよ。あらかじめ、表などをつくって、
書きこめるようにしておくといいね。

●写真や動画でも記録しよう
写真や動画も活用しよう。写真は、事実をき
ちんと記録してくれるし、そのとき気づかな
かったことにあとで気づくこともできるよ。日
にちや番号をつけて整理しよう。

●条件をそろえて、くらべてみよう
何かと何かを比べて、結果にどんなちがいが
出るかを調べたいときは、比べること以外の
条件は同じにしよう。たとえば、光が種の発
芽におよぼすえいきょうを調べるときは、光
を当てるものと当てないものを比べるよね。
そのとき、温度や水の量は同じにしておかな
ければならないよ。

●安全にも気をつけよう
実験をするときは、安全にも気をつけよう。火
や薬品、カッターなどを使うときは、ケガに気
をつけて大人といっしょに使おう。川や池な
どに行くときや、夜に観察をおこなうときは、
必ず大人といっしょに出かけよう。

予想があたると　うれしくなって
もっともっと　新しいことに
チャレンジしたくなるよね

さあ　この本を見て
おもしろいことを
たくさん発見しよう!

ぼくは
コレかな!

わたしは
コレ!

実験

実験をやるときに気をつけること

● 実験の目的をはっきりさせ、結果を予想しておこう。

● 必要なものをあらかじめ準備しておこう。

● 作業の順番を確認して、実験はていねいに行おう。

● 結果はありのままを記録しよう。

● 結果がなぜそのようになったのか、自分の考えをまとめよう。

● 実験で使うものをむやみに口や目などに入れないこと。

● 火やドライアイスを使う実験は、必ず大人と一緒に行おう。

むずかしさ
★☆☆

所要時間
20分

テーマ
三態変化 （4年生）

さまよう
ドライアイス

ドライアイスを水にうかべると、ふらふらとさまようような、
ふしぎな動きをするよ。じっくり観察してみよう。

くるくると
まわってる！

実験のやりかた

① ドライアイスを小さくする

ドライアイスを新聞紙で包み、ダンボールの上にのせてハンマーでたたき、1cm四方で平たくなるようにくだく。軍手をはめて、外で行うこと。

② フライパンに水を入れる

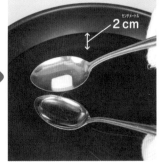

2cm

フライパンに水を2cmくらいの深さになるように入れておく。水を入れたスプーンに、くだいたドライアイスをゆっくりとのせる。

おうちの方へ：ドライアイスは、専用の保管容器以外で密閉しないでください。

⚠ ドライアイスは、換気の良い場所であつかおう。

用意するもの

●水　新聞紙　ハンマー
スプーン2本　中が黒いフライパン　軍手
ダンボール　ドライアイス

けむりの出ている場所や、けむりの出るタイミングに注意してみよう。フライパンのふちにドライアイスがくっついたときは、スプーンでそっと、まんなかにもどすといいよ。

⚠ ドライアイスをあつかうときは、必ず軍手をすること。フライパンは、食器用洗剤で洗ったあとに、水でよく洗い流し、きれいなものを使おう。

❸ ドライアイスを水にうかべる

スプーンをゆっくりとフライパンの水面に近づけ、スプーンをそのまましずめるようにして、ドライアイスを水にうかべる。しばらくすると、ドライアイスが白いけむりを出しながら動きだす。

➡

ためしてみよう！

🚩 チャレンジ

フライパン以外にもガラスのコップやおわん、茶わんなどに水を入れてやってみよう。容器の形や大きさによって、ドライアイスの動きは変わるかな。

実験でサイエンス

▶ ドライアイスを水にうかべると、どんどん気化（気体になること）します。気化しやすい場所や、気化した二酸化炭素が出てくるタイミングによって、けむりの出かたが変わります。

▶ 二酸化炭素を出した向きと、反対の向きにドライアイスは動きます。ロケットが、下に向かってガスを出して飛び立つのと同じです。

発表のためのまとめ

容器をコップやおわんなどに変えたとき、ドライアイスの動きや、けむりの出かたがどう変わったのかを表にまとめよう。写真や絵もつけるとわかりやすいね。
例：だんだんはやくまわる、8の字をえがく、など

容器	フライパン	ガラスのコップ	おわん
ドライアイスの動き	？	？	？
けむりの出かた	？	？	？

青い水が赤く光る？スピルリナ水

栄養ほ助食品や天ねん色素として使われている植物プランクトンの一種、「スピルリナ」から色素を取り出し、光をあてて観察してみよう。

青い水が赤く光った！

実験のやりかた

① スピルリナをくだく

スピルリナが錠剤の場合は、乳ばち・乳ぼうで軽くくだいて粉末にしておく。

② ろ過の用意をする

プラスチックコップにコーヒードリッパーをのせ、コーヒーフィルターを取りつけた状態で用意しておく。

③ スピルリナ粉末を水に混ぜる

別のプラスチックコップにスピルリナ粉末を入れ、100mLていどの水を加えて軽くかきまぜる。

④ スピルリナ水をろ過する

③のスピルリナ水を、コーヒードリッパーでろ過する。

用意するもの

プラスチックコップ2個　かきまぜぼう　コーヒードリッパー

乳ばち・乳ぼう（すりばち・すりこぎ）

白色LEDライト

●水　スピルリナ（錠剤や粉末）　コーヒーフィルター

※スピルリナは錠剤1錠（粉末であれば0.2g程度）を使う。薬局などで栄養ほ助食品として購入可能。

⑤ 白色LEDライトをあてる

できた青色の水に白色LEDライトをあててみよう。色が変化するかな?

スピルリナの青色色素は、ソーダ味のアイスの青色など、身近な食品の着色料としても使われているよ。スピルリナ粉末を水にまぜたあと、早めにろ過すると、きれいな青色の水が取り出せるよ。

ろ過前（左）とろ過後（右）の水

ためしてみよう!

🚩 チャレンジ

⚠ ブラックライトを使う場合は、絶対に光（紫外線）を目に向けないようにしよう。

スピルリナの青色色素には、白色の光をあてると赤く光る性質があるんだ。ビタミンB₂をふくむエナジードリンクや、キナノキ成分をふくむトニックウォーターに紫外線をあてたときにも、同じような現象が起こるよ。ブラックライト（紫外線ライト）をあててためしてみよう。

※左の写真はもとの色、右の写真はライトをあてた様子。カップに入った液体は左から、スピルリナ水、エナジードリンク、トニックウォーター。ただし、光らない場合もあるよ。

実験でサイエンス

▶ スピルリナにふくまれるフィコシアニンという青色色素は水にとけやすいので、水にまぜてろ過するだけで取り出すことができます。

▶ フィコシアニンは、紫外線や黄色～だいだい色の光をきゅうしゅうすると赤色に光ります。このような、きゅうしゅうした光と別な色の光を出す現象を蛍光といいます。白色の光にも、黄色～だいだい色の光がふくまれているので、赤色の蛍光が観察できます。

発表のためのまとめ

蛍光物質は、紫外線による蛍光が見つけやすく、食べられるものいがいにもふくまれています。ブラックライトを持っていたら、身のまわりのものに紫外線をあてて、蛍光物質をさがしてみよう。

調べたもの	あてたライト	色の変化
スピルリナ水	白色光	青色⇒赤色
スピルリナ水	紫外線	青色⇒?
エナジードリンク	紫外線	黄色⇒?
トニックウォーター	紫外線	無色⇒?

実験❸

むずかしさ
★ ★ ☆

所要時間
30分

テーマ
物と重さ (3年生)

ぷかぷかとうく
しゃぼん玉

クエン酸と重そうに水をまぜると、二酸化炭素が発生するよ。
そこにしゃぼん玉をつくって、同じ高さにうく様子を観察しよう。

ぷか
ぷか

しゃぼん玉がきれいに
一列にならんでる!

実験のやりかた

❶ クエン酸と重そうを入れる

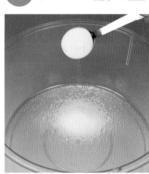

ボウルなどの容器に、クエン酸と重そうを大さじ2杯ずつ入れる。容器の大きさによって、量を加減するときも、クエン酸と重そうの量が同じになるようにしよう。

❷ 水を加える

⚠ かん気に注意しよう。

容器に300mLの水を加えると、シュワシュワと二酸化炭素が発生する。

用意するもの

ボウルや水そうなどの容器

しゃぼん玉をつくるためのふき具かストロー

計量カップ

●水　●新聞紙　重そう　クエン酸　計量スプーン（大さじ）　しゃぼん液

※クエン酸と重そうは、ドラッグストアなどでそうじ用として売られている。

③ しゃぼん玉をつくる

シュワシュワとした反応が落ちついてきたら、しゃぼん玉をつくり、容器の中に入れる。弱めに息をふきこみ、小さいしゃぼん玉をたくさんつくるといいよ。

④ しゃぼん玉を観察する

容器の中のしゃぼん玉が、同じ高さにうかぶよ。

机の上がぬれるので、新聞紙をしくといいね。少しはなれた位置から横にふきかけ、しゃぼん玉が容器の中に入るように調節しよう。

二酸化炭素が少なくなってきたら、大さじ1杯の重そうを加えてみよう。

ためしてみよう！

🚩 チャレンジ①

容器の中と外で、しゃぼん玉の動きはちがっているかな。しゃぼん玉の大きさによって、うく位置や、うかんでいる時間がちがうかどうかも調べよう。

🚩 チャレンジ②

クエン酸と重そうの量を多くしたり、少なくしたりすると、しゃぼん玉のうく位置はちがってくるかな。

実験 でサイエンス

▶クエン酸と重そうに水を加えると、二酸化炭素が発生します。二酸化炭素は空気より重く、空気の入ったしゃぼん玉は二酸化炭素より軽いので、しゃぼん玉が同じ高さでうきます。

発表のためのまとめ

クエン酸と重そうの量を変えながら何回か実験をしよう。ういているしゃぼん玉の大きさと高さ、割れるまでの時間、そのほか気づいたことを観察してまとめてみよう。

●クエン酸28gと重そう39gを混ぜた場合

しゃぼん玉の大きさ	気づいたこと
大（直径6cm）	5cmくらいの高さにうかび、50秒でわれた
中（直径4cm）	？
小（直径2cm）	？

実験④

むずかしさ
★★☆

所要時間
1時間

テーマ
水溶液の性質 （6年生）

つかめる水玉を
つくろう

昆布のぬるぬる成分のアルギン酸ナトリウム。これを水にとかし、乳酸カルシウムのとけた水にたらすと、ゼリー状の水玉になるよ。

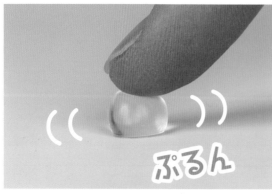

ぷるん

大きな
水玉も
作れるよ。

ほんとの
イクラみたい！
⚠食品ではないので
食べないで！

実験のやりかた

アルギン酸ナトリウムを一度にお湯に入れると、ダマになって、とけにくくなるので注意しよう。ハンドミキサーやミルクあわ立て器を使ってとかすと便利だよ。とけたら、あわがなくなるまで静かにおいておこう。

① アルギン酸水を用意する

とけると
とろみが
出るよ。

ペットボトルに300mLのぬるめのお湯を入れ、アルギン酸ナトリウム3gをとかす。アルギン酸ナトリウムは少しずつ入れよう。フタをしてよくふり、粉末のかたまりがばらけたら、また粉末を入れてふる。これを何回かくり返す。

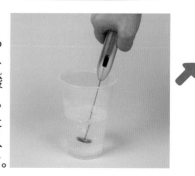

用意するもの

●アルギン酸ナトリウム　3g　　●乳酸カルシウム　4g
※アルギン酸ナトリウムと乳酸カルシウムはインターネットで購入できる。
※乳酸カルシウムのかわりに、塩化カルシウム(押入れ用除湿剤)を使ってもよい。
●500mLのペットボトル　2〜3個　　●プリンカップ　数個
●計量カップ　　●プラスチックスプーン
●とう明なプラスチックコップ　数個　　●茶こし　1個
●スポイト　　●ストロー　　●水　　●お湯(40℃くらい)
●水彩絵の具(赤、黄、緑、茶)
※青の水彩絵の具は、アルギン酸ナトリウムがかたまる成分をふくみ、使えない。
　青色にしたいときは、プリンターインクのシアン(青)を使用するとよい。
●ハンドミキサー(またはミルクあわ立て器)

実験④ ★★☆

② 乳酸カルシウム水を用意する

ペットボトルに400mLの水を入れ、乳酸カルシウム4gをとかす。とけやすいので、一度に全部を入れ、フタをしてふりまぜる。

プリンカップなどに水彩絵の具を少し入れ、そこにアルギン酸水を少しずつ入れながら、よくかきまぜて色をつけよう。まるでイクラのような水玉がつくれるよ。

③ つかめる水玉をつくる

とう明なプラスチックコップに、②の乳酸カルシウム水を半分くらい入れる。そこに、❶のアルギン酸水を、スポイトまたは8cmくらいに短く切ったストローで、1てきずつたらす。1分くらいしたら、茶こしを使って水玉を取り出し、軽く水洗いしよう。

ためしてみよう!

🚩 **チャレンジ**　乳酸カルシウム水のかわりに、塩化カルシウムをとかした水でも、アルギン酸ナトリウムの水玉ができるかどうかためしてみよう。

プリンカップなどでアルギン酸水をすくい、乳酸カルシウム水の中に静かに入れると、大きな水玉をつくることができるよ。2分以上たってから取りだそう。

⚠ あまったアルギン酸水と乳酸カルシウム水、いらない水玉は、紙にすわせて燃えるゴミとして捨てよう。そのまま流すと、排水溝がつまるおそれがあるよ。

実験でサイエンス

▶アルギン酸ナトリウムは、ワカメや昆布などの海藻にふくまれている成分で、カルシウムに反応して、ゼリーのようにかたまる性質があります。そのため、乳酸カルシウム水の中に入れると、表面が先にかたまり、水分をとじこめるのです。

発表のためのまとめ

さまざまな水溶液で水玉をつくってみて、形やかたさをくらべよう。指でつまんだり、つぶしてみたりして、カルシウム水につけておいた時間との関係も記録しておこう。

	すぐ取り出したとき	3分後に取り出したとき
塩化カルシウム水	丸くなる　やわらかい　落とすと少しはずむ　ティッシュ上をころがらない	丸くなる　かたくなる　落とすとはずむ　ティッシュ上をころがる
乳酸カルシウム水	?	?

むずかしさ
★★☆

所要時間
2時間

テーマ
空気の体積変化 （4年生）

ペットボトルから飛び出す水

「小便小僧」のおもちゃを、ペットボトルを使ってつくってみよう。
中がよく見えるから、しくみを考えるのに最てきだよ！

ピューーッ

小便小僧を温めたら、おしっこをしたよ。

実験のやりかた

1 ペットボトルに穴をあける

ペットボトルの下のほうに、画びょうで小さな穴をあける。側面がまがっているので、上向きの穴があけられるところを選ぼう。

2 水を入れる

トレイの上におき、ペットボトルのフタを取り、あけた穴の少し上まで水を入れる。穴から少し水が出ても気にしなくてだいじょうぶ。

| 用意
するもの | ●ペットボトル（250〜500mLくらいの、できればホット用）
●画びょう　●トレイ　●ドライヤー
●輪ゴム　●牛乳パック |
|---|---|

実験⑤ ★★☆

⚠️ おふろ場や台所など、ぬれても平気なところでやってみよう。

③ 小便小僧の絵をとめる

ふたたびフタをして、牛乳パックのうらにかいておいた小便小僧の絵を、輪ゴムなどでペットボトルにとめる。

④ ドライヤーで温める

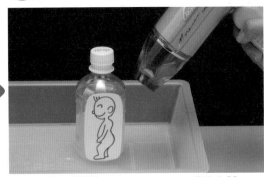

おふろ場や台所にペットボトル小便小僧をもっていき、ドライヤーで温めると、ピューッとふん水のように水が飛び出すよ。

ためしてみよう！

温めかたや、ペットボトルの大きさを変えると、水の飛びかたはどう変わるかな？

🚩 チャレンジ①

温める温度を変えてみよう。ドライヤーには、温風・冷風（HOT・COOL）のように風の温度を変えられるスイッチがついているね。当てる風の温度を変えると、飛び出す水の様子はどう変わる？

HOT　　　COOL

🚩 チャレンジ②

冷蔵庫で冷やした水を入れるとどうなるかな？　もっと温度を上げてみたいときは、40℃くらいのお湯をかけてみよう。また、冷たい水をかけるとどうなる？

お湯をかけてみる　　　冷たい水をかけてみる

⚠️ 熱いお湯を使うときは、やけどに気をつけよう。

27

▶チャレンジ❸

ペットボトルの大きさを変えると何か変わるのかな？

※ドライヤーの温度と水の量は同じにしておこう。

▶チャレンジ❹

穴をあけていないペットボトルの口に石けん水でまくをはり、ドライヤーで温めるとしゃぼん玉がふくらむよ。風船を取りつけても楽しいよ！　冷やすとどうなるかな。

実験 でサイエンス

▶空気は温めると、その体積（かさ）が大きくなります。体積がふえたペットボトル内の空気は、中に入っている水をおすことになるので、穴から水がいきおいよく飛び出してきます。

▶気球も同じしくみです。気球の中の空気を温めると体積が大きくなり、ふくらんだ空気は、まわりの空気より軽くなるので、気球がうかびあがるのです。

発表のためのまとめ

①温めかたによって、水がどれくらい飛んだのか表にまとめてみよう。

温めかた	水の飛んだ平きん距り
ドライヤー COOL	0m
ドライヤー HOT	0.4m
ドライヤー HOT ターボ	？m
お湯20℃	？m
お湯40℃	？m
お湯60℃	？m
お湯80℃	？m

②ドライヤーを使って、みんなの前で実さいに水を飛ばして見せよう。まわりがぬれるので、気をつけようね。

実験⑥

しましまジュースを
つくろう

むずかしさ
★ ★ ☆

所要時間
2時間

テーマ
ものの溶けかた
・重さの保存（5年生）

水と食塩水はもちろん、同じ量のジュースでも、種類によって重さはちがう。重さのちがいを利用して、しましまジュースをつくってみよう。

**用意
するもの**

とう明なコップ　2個

●水

紅茶

ハガキ

ガムシロップ　2個

紅茶と水が
まざらないのは
どうして？

紅茶

水

ジュースが
しましまに
なってる！

29

実験のやりかた

❶ ガムシロップ入りの水と紅茶を
用意する

コップに紅茶を入れる。もう1つのコップには
水とガムシロップを入れて、よくまぜる。

❷ 紅茶のコップにハガキをのせて
さかさにする

2つのコップにあふれる直前まで水をたし、
紅茶のコップにハガキをのせて、すばやく
ひっくり返す。

❸ 紅茶のコップを
もう1つのコップにかぶせる

こぼしてもいいように、台所で
大人といっしょにやろう。ガムシ
ロップをまぜると砂糖水ができる
よ。紅茶は色がついただけで、
重さは水とほとんど同じだよ。

実験 でサイエンス

▶ しましまジュース（31ページ）では、
下のジュースほど重いので、食塩入
りのトマトジュースはこの中では中
くらいの重さだったことがわかりま
す。

▶ ジュースに氷を入れておくと、上だ
けうすくなってしまうことがありま
す。これも同じ原理です。ジュース
の上にういていた氷がとけて水に
なると、水はジュースよりも軽いの
で、まざりにくいのです。コーヒー
や紅茶でも同じ様子が見られます。

ためしてみよう！

🚩 チャレンジ❶

紅茶のコップと、水とガ
ムシロップを入れたコッ
プの上下を逆にして
やってみよう。どうなる
かな？

逆にしたところ

チャレンジ❷

用意するもの

- 透明なコップ　4個
- 水　●カルピス®
- 果汁100%のぶどうジュース
- 食塩入りのトマトジュース
- ストロー

① コップに水を入れておく。ぶどうジュースをストローで取り、静かに水の下のほうに流し入れる。

② ❶のコップと、カルピス®の入ったコップをかたむけて、静かにカルピス®を流し入れる。

③ 水、ぶどうジュース、カルピス®が3層に分かれる。

④ さらにトマトジュースをストローで取り、入れてみる。

⑤ トマトジュースは下までいかず、どこかでとまる。

いろいろな飲み物で、しましまジュースをつくってみよう。

発表のためのまとめ

みんなに実際に見せてあげるのが、一番わかりやすいよ。もぞう紙などにかいてまとめるなら、写真をとったり、きれいに色をつけた絵をかいたりして、様子がわかるようにかこう。砂糖水の濃さがわかるように、水何mLに、ガムシロップを何mL入れたのか、しっかり記録をつけることも大事だよ。

しましまジュースをつくる実験

実験したこと　いろいろな飲み物を重ねて、しましまジュースがつくれるかどうか、ためしてみる。

実験の結果　しましまジュースがつくれた飲み物

- 水　○mL
- ぶどうジュース　○mL
- カルピス®　○mL
- はちみつ　○mL

- ？
- ？
- ？

わかったこと　しましまジュースは、重い飲み物の上にそれよりも軽い飲み物を重ねると、うまくつくれる。

実験❼

むずかしさ
★★★

所要時間
1時間

テーマ
ものの三態変化
（4年生）

アートべっこうあめを つくろう

まるでこはくのように美しい色をしたべっこうあめ。
砂糖液を冷やすだけで、アートのようなべっこうあめがつくれるよ。

ぱねみたい！

キラキラ

すきとおってる！

実験のやりかた

❶ マグカップに水を入れておく

大きめのマグカップに、半分以上の水を入れておく。あとで、このマグカップの水の中に砂糖液を入れて冷やすのに使う。

砂糖に水をたらすときは、砂糖全体に水がしみこむくらいでOK。

⚠️ 火のあつかいには十分注意をしよう。
煮立った砂糖液はとても熱いので、手では絶対にさわらないで！

❷ なべに砂糖と 水を入れる

小さななべに大さじ3杯の砂糖を入れ、砂糖の上に大さじ3杯の水をたらす。

❸ なべを火にかける

なべを火にかけて、わりばしでかきまぜながら温める。

❹ 砂糖液が黄色っぽく なったら火をとめる

ぐつぐつと砂糖液が煮立ってきて、少し黄色に色が変わってきたら火をとめる。

用意するもの
●小さななべ　●砂糖　●水
●熱に強い大きな入れ物（マグカップやボール）
●ガスレンジ（カセットコンロなど）　●わりばし
●アルミはく

⑤ **砂糖液を冷やす**

はしを入れ、砂糖液をのばすと、糸を引くくらいになるまで1〜2分そのままにして冷やす。

⑥ **砂糖液を水の中にたらす**

煮立った砂糖液を、マグカップの水の中に、ゆっくりとたらす。急に冷えるので音がするが、あわてないこと。

使ったなべは、お湯でていねいに洗うといいよ。

⑦ **固まったあめを取り出す**

全部入れたら、できあがり。水の中であめが固まるので、わりばしでゆっくり引きあげ、観察したら食べてみよう。

ためしてみよう！

🚩 チャレンジ❶

アルミはくで型をつくり、型につまようじをさして、広げたアルミはくの上におく。固まりはじめた砂糖液を型にたらそう。好きな形のべっこうあめがつくれるよ。

🚩 チャレンジ❷

上部を切ったペットボトルに水を入れ、その中に砂糖液をゆっくり落としてみよう。水はペットボトルの8割ほどまで入れておくといいよ。すぐに水だけを捨てて、ペットボトルから取り出したら完成。

実験でサイエンス

▶ 砂糖液を熱すると、とけていた砂糖は姿を変えていきます。はじめはカラメル化と呼ばれる化学反応で黄色くなります。さらに熱すると、炭の成分が姿をあらわして、最後には真っ黒になります。砂糖は植物から取れたものなので、熱すると炭になるのです。

発表のためのまとめ

熱すると砂糖液の様子がどのように変わるか調べてみよう。とちゅうの様子や、つくったべっこうあめの写真をとっておくといいよ。

15秒後	あわだってきた
40秒後	ねばりけが出てきた
60秒後	？
90秒後	？

⚠ アートべっこうあめには細くとがった部分があるので、あわてて食べると口の中にささることがあります。ゆっくりと食べましょう。

ほかにもこんな　実験があるよ!

コラム

実験① 水に磁石をうかべる

用意するもの せんめん器、棒磁石、水、発ぽうスチロール容器

せんめん器に水を入れ、発ぽうスチロール容器をうかべる。そこに棒磁石をのせると、方位磁針と同じように、南北を向く。

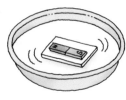

ためしてみよう! 棒磁石の数を増やすと回転する速さは変わるだろうか。U磁石ではどうだろうか。

実験② うきあがる絵をかく

用意するもの 新聞紙、サラダ油、筆、水

新聞紙にサラダ油をつけた筆で絵をかく。それに水をかけると、油をつけたところだけが水をはじいてうきあがって見える。

ためしてみよう! できあがった絵のまわりを、ていねいにやぶいてみよう。型ぬきができるよ。

実験③ アルミ缶つぶし

用意するもの ペットボトル型アルミ缶、熱湯、軍手

熱湯を缶に入れ、ゆっくり回して中を湯気でいっぱいにする。お湯を捨ててフタを閉める。水蒸気が冷えると缶がつぶれる。

ヒント 熱湯でないと缶はつぶれないよ。

⚠ 軍手を使ってやけどしないように気をつけよう。

ためしてみよう! 容器の大きさや材料を変えるとどうなるか、調べてみよう。

実験④ 緑色のセロファンで赤い花を見る

用意するもの 緑色のセロファン（下じきでもよい）、赤い花

緑色のセロファンをとおして赤い花を見る。赤い光が目にとどかず、黒く見える。多くの昆虫は赤い色が見えないらしい。

ためしてみよう! 赤と緑、赤と青のセロファンを重ねて蛍光灯を見てみよう。

実験⑤ セミのぬけがらの名たんてい

用意するもの セミのぬけがら、虫めがね（あれば）

ぬけがらを観察してセミを分類してみよう。しょっ角の節の間かくと太さが手がかりになるよ。

オス　　　メス

ためしてみよう! 腹のうら側下部分のちがいでオス、メスが区別できるよ。

観察

観察

観察をするときに気をつけること

● 観察では、どのように記録し、まとめるかがポイントになるよ。
絵がいいか、表にするのがいいか、写真やビデオがいいかをよく考え、道具を準備してから観察をはじめよう。

● 自分の考えをもち、なぜそう思ったのかをくわしく書いてみよう。

● 夜の観察は危険なので、必ず大人といっしょに行うようにしよう。

● 虫めがねを使うときは、絶対に虫めがねで太陽を見ないこと。

むずかしさ
★☆☆

所要時間
1時間

テーマ
植物の養分
(6年生)

うがい薬で でんぷんを探そう

人が生きていく上でかかせないでんぷんは、炭水化物の一種で、食品に多くふくまれているんだ。どんなものにでんぷんがふくまれているかな?

色が変わらないものもあるのね。

観察のやりかた

❶ 調べたいものにうがい薬をたらす

調べたいものをうすく切り、白い皿の上におく。これにうがい薬を5てきほどたらす。

❷ ひたひたに水を注ぐ

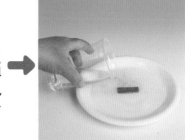

❶の皿に、切ったものがひたるくらい水を注ぐ。

用意するもの

調べたいもの: とうもろこし・ちくわ・厚あげ・もち・食パン・バナナ・ライスペーパー・小麦粉 など

うがい薬
（ポビドンヨード入り）

白い皿　●水

⚠ うがい薬をかけたものは、食べないように！

③ いろいろな食品で調べる

いろいろな食品にうがい薬をたらして、水を注いでみよう。

④ でんぷんは青紫色に染まる

でんぷんがあると、白い部分が青紫色に染まる。でんぷんがないと、うがい薬の黄色っぽい色のまま変化しないよ。

ためしてみよう！

🚩 **チャレンジ**　水にうがい薬をたらすと、水面におもしろいもようができるよ。これを利用してマーブリングをしてみよう。じつは、画用紙には、紙を強くするためにでんぷんが入っているんだ。

1 水にうがい薬を5てきほどたらす。

2 もようができたら画用紙を水面にうかばせる。

3

5つ数えて画用紙を取り出す。液が流れないようにすぐにうら返して、平らにおくと、きれいにできるよ。

観察 でサイエンス

▶ でんぷんにポビドンヨード入りのうがい薬をかけると青紫色になります。人が主食にしている米、小麦、イモ類、とうもろこしなどには、たいていでんぷんが入っています。このことからも人にとって、でんぷんがどれだけ大切なのかわかります。

発表のためのまとめ

青紫色になったものと、ならなかったものをくらべてみよう。原料を調べてみるのもいいね。

青紫色になったもの		青紫色にならなかったもの	
調べたもの	原料	調べたもの	原料
もち	米	大根	
とうもろこし		豆ふ	
食パン	小麦粉	○○○	○○

むずかしさ
★★☆

所要時間
2日

テーマ
太陽の動き (3年生)

CDケースで 日時計をつくろう

CDのとう明ケースとストローを使って、コマ型の日時計をつくろう。
ストローの影の位置から時刻がわかるよ。

春分の日をすぎたころから、秋分の日の前まで使える日時計だよ。

観察のやりかた

時計盤に立てるストローの長さを5〜6mmぐらいに短くすると、影が円盤の中に入り、季節による影の長さの変化が観察できるよ。

① 時計盤をつくる

3cm

厚紙にコンパスで半径4cm、5cm、6cmの円をかき、6cmの円にそって切る。ストローを3cmに切り、まるく切った紙の中心に接着剤で立てる。かわくまで平らなところにおき、ストローがかたむかないようにしよう。

② 日時計を使う場所の緯度を調べる

太陽の高さの変化は、日時計を使う場所の緯度と関係があるので、自分が住んでいる場所の緯度（北緯）を地図で調べる。

③ CDケースのフタの支えを準備する

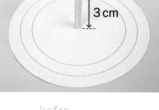

表を参考に、ストローを緯度に合わせた長さに切り、ケースのフタの支えに使う。ストローの先は一方をななめに切り、ケースにとめやすくする。

緯度とストローの長さ

北緯（度）	ストローの長さ（cm）
44	7.2
42	7.8
40	8.3
38	9.0
36	9.6
34	10.4
32	11.2
30	12.1
28	13.2
26	14.4

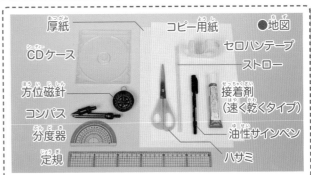

●地図

厚紙　コピー用紙

CDケース　セロハンテープ

ストロー

方位磁針　接着剤（速く乾くタイプ）

コンパス

油性サインペン

分度器

定規　ハサミ

用意するもの

④ 組み立てる

フタの裏面

ケースを閉じ、フタのまんなかにペンで印をつける。その裏面にセロハンテープをはったストローの先（ななめに切っていないほう）をあてる。

緯度　位置を調整する

ストローを立て、ななめに切ったほうのはしもケースにセロハンテープでとめる。ノートなどにのせて分度器をあて、フタが90度の方向から緯度のかたむきになるようにストローの位置を調節する。位置が決まったらテープでとめる。ストローがケースからはみ出すときは厚紙をケースにはってとめよう。

⑤ 時計盤を取りつける

時計盤をフタにセロハンテープで取りつけて、日時計の完成。

⑥ 時計盤の裏側を南に向ける

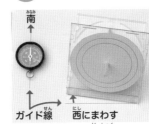

南

ガイド線　西にまわす

方位磁針を使い、時計盤の裏側を南に向ける。板の上に厚紙をセロハンテープでとめ、方位磁針と日時計をおくガイド線を引くと向きの調整がしやすい。磁石がさす南（北）と地球の南極（北極）の方向はずれているので、日時計を南から西に少しまわす。まわす角度は表を参考にしよう。

日時計をまわす角度（南から西へ）

10度	北海道北部	
9度	北海道中部、東北地方北部	
8度	東北地方南部、北陸地方、関東地方北部、中国地方北部、近畿地方北部	
7度	関東地方、東海地方、四国、中国地方南部、近畿地方南部、九州北部～中部	
6度	九州南部	5度　南西諸島

磁石のしめす南から、日時計を西の方向に、表の角度だけまわそう。

⑦ 影の動きを記録する

1時間ごとに影の動きを時計盤に記録する。記録ができたら、時刻がわかりやすいように定規で線を引こう。

観察でサイエンス

▶ コマ型日時計は、観察する場所の緯度だけ、支えのストローの向きを水平からかたむけます。こうすると、ストローが天の北極（北極星の方向）を向き、太陽はストローの延長線のまわりを円をえがくように動きます。

発表のためのまとめ

記録した影の動きから、太陽は1時間に何度動くかを計算してみよう。

観察② ★★☆

むずかしさ
★★☆

所要時間
20分

テーマ
こん虫
(3年生)

動画でチョウの飛びかたを見てみよう

ひらひらとすばやく飛びまわるチョウ。どんな飛びかたをしているのか、スマートフォンなどで撮影して調べてみよう。

アサギマダラ

❶チョウをスマートフォンの動画でとろう

❷スローでとると、飛びかたもよくわかるよ

❸最初は風景全体をとるようにしよう

❹うまくとれなくても何度も挑戦!

この動画をここで見られるよ→

観察のやりかた

1 チョウを探す

家のまわりや公園などで、チョウを探してみよう。

2 観察する

いきなり動画でとろうとしても、にげられてしまうことが多いので、まずは飛びかたや、とまる場所に決まりがあるかどうか観察しよう。

- ⚠️ ●チョウを観察する場所のまわりに危険がないか、大人と確認しよう。
  - ●観察や撮影を行うときは、熱中症などに注意しよう。

用意するもの ●スロー撮影で動画がとれるスマートフォンやデジタルカメラなど

❸ とまる場所を予想する

チョウがとまりやすい場所を予想して、そこにレンズを向けておく。チョウが飛んでくるまで待ってみよう。

❹ 動画をとる

チョウが飛んできたら、動画でとろう。

観察❸ ★★☆

ためしてみよう！

🚩 チャレンジ❶
普通の動画がとれたら、スローでもとってみよう。飛びかたが、よりわかりやすくなるよ。ふわりと風にのるように飛んだり、ギザギザに飛んだり、種類によって、ちがう飛びかたをするよ。

🚩 チャレンジ❷
動画でうまくとれたら、写真にも挑戦しよう。チャンスは一しゅんで、動画よりむずかしいよ。連写機能などを使ってみよう。

観察 でサイエンス

▶ 動画や写真をとる前に、よく観察して、チョウの動きを予想することが大切です。

▶ チョウの種類により、飛びかたのクセもちがいます。観察の回数を重ねると、種類によるちがいがわかってきます。

発表のためのまとめ

①撮影した「日にち」「時刻」「場所」「天気」を必ずメモしておき、発表のためにまとめよう。
②動画を使って発表するのがむずかしければ、動画から写真を切り出してまとめてもいいよ。
③動画をスロー再生して羽の動きを観察し、チョウの種類と飛びかたをまとめてみよう。

●アゲハチョウの仲間は花から花へとふわりと飛ぶものが多い

●モンシロチョウは、活発にでたらめな感じで動くことが多い

●シジミチョウは、こきざみに草のまわりを飛びまわることが多い

むずかしさ
★★☆

所要時間
6時間

テーマ
昆虫
(3年生)

虫を光で集めよう

日の入り後、ちかくの森や林へ出かけて、
明るい蛍光灯の光で虫を集めてみよう。どんな虫がやってくるかな?

カブトムシやクワガタが
つかまるといいね!

カブトムシ

クワガタ

観察のやりかた

① 2本の木の間にロープを張る

森や林へ行き、2mほどの間かくの2
本の木の間にロープを張る。すべりに
くいロープを使い、軍手をはめて、た
るまないようにしっかり張るのがコツ。

用意するもの

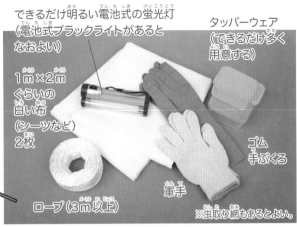

できるだけ明るい電池式の蛍光灯（電池式ブラックライトがあるとなおよい）

タッパーウェア（できるだけ多く用意する）

1m×2mぐらいの白い布（シーツなど）2枚

ゴム手ぶくろ

軍手

ロープ（3m以上）

※虫取り網もあるとよい。

夜おそくの採集なので、必ず大人と行うこと。

2 シーツをロープにしばりつける

1枚のシーツの長い辺の両はしをロープにしばりつける。もう1枚のシーツは、下にしく。

3 ロープに蛍光灯をつるす

ロープの中心に蛍光灯をひもでつるし、スイッチを入れる。ブラックライトがあれば、そのちかくにつるす。

4 虫をつかまえる

飛んでいる虫は虫取り網で、とまっている虫はゴム手ぶくろをはめた手でとる。虫はできるだけ小分けにしてタッパーに入れて持ち帰る。

たくさんの虫を同じ容器に入れると、中でけんかをすることがあるんだ。短時間なら、プラスチックコップや紙コップの口にラップを張り、輪ゴムでとめて持ち帰ってもいいけれど、カブトムシやクワガタはラップをやぶってしまうので要注意。

⑤ 虫を調べる

持ち帰った虫を図鑑で調べる。

⚠️ 毒のある虫もいるので、素手でさわらずゴム手袋をする。

●こんな虫が危険!

スズメバチ、ムカデ、毒ガ、
アブ、カミキリモドキ

虫集めのアドバイス

●風がなく、月の出ていない湿度の高い夜に虫がたくさんやってくる。

●周囲に街灯や自動販売機など、できるだけ明るい物のない場所が適している。

●カブトムシやクワガタは日の入りから2時間後くらいにやってくることが多い。

観察 でサイエンス

▶ここで紹介した採集方法は、専門的には「灯火採集法」といわれ、古くから行われています。

▶虫が光に集まる理由はあまりよくわかっていませんが、夜活動する虫は、月明かりをたよりに森の外に出て、遠くに移動するので、明るいほうに向かって飛ぶ習性があると考えられています。

発表のためのまとめ

飛んできた虫の種類、数、飛んできた時間を表にまとめよう。

まとめ方の一例

	20時まで	20時から24時	24時から4時
まち中の公園	アメリカシロヒトリ 3 ヨトウガ 5 ドクガ 2 合計 10ぴき	ドウガネブイブイ 3 シロヒトリ 2 コガネムシ 1 ヨトウガ 4 合計 10ぴき	ヨトウガ 5 ウスバカゲロウ 2 チャドクガ 1 合計 8ぴき
川のそば	ヘビトンボ 9 マツモムシ 2 ゲンゴロウ 6 タガメ 1 合計 18ぴき	ニンギョウトビケラ 3 ヒメガムシ 5 ミズムシ 7 合計 15ひき	ユスリカ 9 アミメカワゲラ 4 合計 13ぴき
森林の中	カブトムシ 3 ノコギリクワガタ 4 オオミズアオ 9 ミヤマカミキリ 2 合計 18ぴき	オオクワガタ 2 コクワガタ 3 ヤママユガ 5 チビクワガタ 4 合計 14ひき	コクワガタ 5 カブトムシ 3 アオカナブン 2 合計 10ぴき

むずかしさ
★★★

所要時間
1か月

テーマ
月の観測
(4年生)

月の満ち欠けを調べよう

月を観察して月早見に月の絵をかいていくうちに、自然と月の満ち欠けのしくみや規則性がわかるよ。月早見をつくって観察しよう。

用意するもの
- ●48ページの絵を160%に拡大コピーしたもの
- ●画用紙
- ●のり
- ●色えんぴつ
- ●方位磁針
- ●セロハンテープ
- ●時計

これで月の観測記録ができるのね!

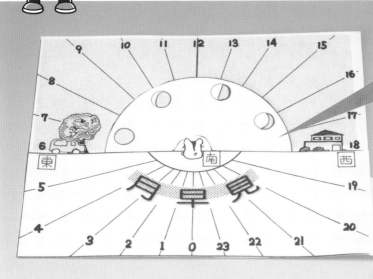

見本

月早見のつくりかた

1 絵を画用紙にはって切る

48ページの拡大コピーをした絵を画用紙にはり、あ〜きの7つに切る（うは予備）。

※のりを全面にぬってからはる。

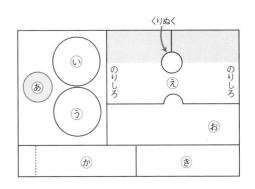

くりぬく

❷ 切ったものをはり合わせる

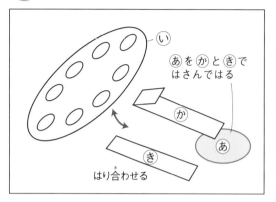

ⓐをⓚとⓚではさんではる

ⓘ

ⓚ

ⓚ

ⓐ

はり合わせる

はり合わせるときは向きに気をつけよう。

表

向かいあう小さな円がまっすぐ並ぶように

裏

ⓘの中心になる

図のようにⓐ・ⓘ・ⓚ・ⓚをはり合わせると、写真のようになる。

❸ 月早見に切れこみを入れる

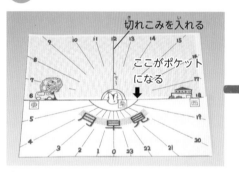

切れこみを入れる

ここがポケットになる

ⓔののりしろにのりをつけて、ⓞをはり、ポケットにする。ⓔの切りとり線に切れこみを入れる。

❹ ❷をさしこむ

裏

さしこむ

表

ⓘの半分がポケットに入るように

表側でⓘの半分がポケットにおさまるように、❸の切れこみから❷をさしこむ。

❺ 切れこみをとめる

←セロハンテープでとめる

くるくるなめらかにまわせるかな?

❸の切れこみを裏からセロハンテープでとめる。

観察のやりかた

① 調べた時刻に月早見の太陽をあわせる。

② 月の見えている方位を方位磁針で調べる。
　※後ろを向いているハムスターが観測者の位置で、観測するときは真南を向く。

③ 写真のように月早見に見えた月の形をかいて、色をつけよう。たとえば南西に月が見えた場合は、南と西の間に月をかく。月のかたむきかげんにも注意。
　※よくわからないときには、下の「観察でサイエンス」を見てやろう。

④ これを1日1回3～4日おきにくり返し、8つの月の形をかこう。

ためしてみよう！

▶チャレンジ❶

月の形を観察し、方位を調べて、見えている月のとおりに月早見をあわせると、時刻を当てることができるよ。

▶チャレンジ❷

時刻と月の形がわかっている場合は、見えている月のとおりに月早見をあわせると、月の出ている方位を当てることができるよ。

観察でサイエンス

▶月の形は、太陽と地球と月の位置関係で決まります。満月から次の満月が見えるまでの間は約1か月です。月は太陽の光を反射して光っているので、半月などでは、太陽のある側が光って見えます。

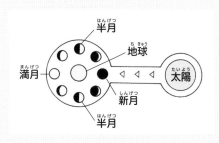

発表のためのまとめ

　1か月という長い期間観察すると、いろいろなことに気づくはず。月の見える場所が時刻とともに変わること、同じ時刻でも日によって見える月の場所が変わることは、月早見で確認することができるよ。また、月の色が日によって少しちがうことに気づいたら、図や文で記録しよう。

日　時	月の見えた方角	月の形
8月15日20時	南東	三日月
○月○日○時	？	半月
×月×日×時	？	？

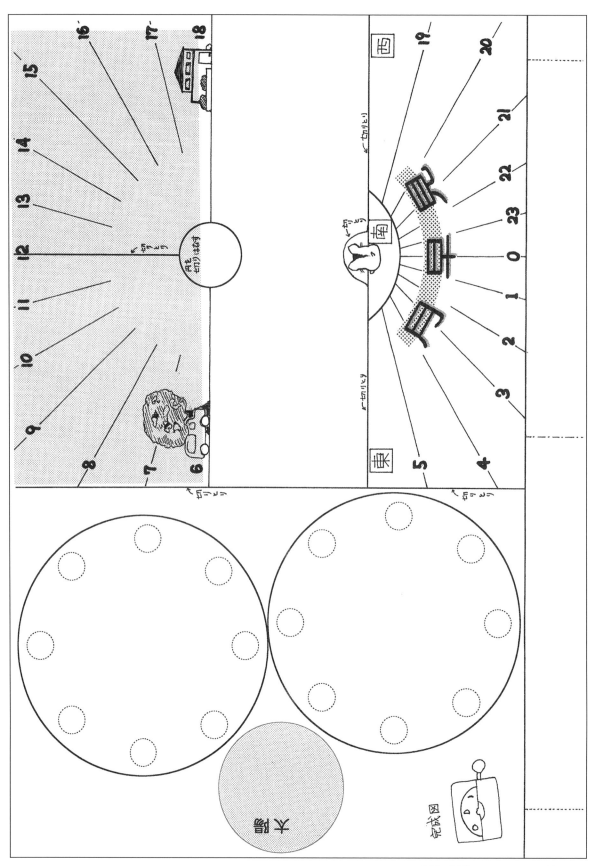

※160％に拡大コピーをして使おう。

48

工作
こうさく

工作をやるときに気をつけること

● つくりながら手順の写真をとって記録しておくと、発表するときに説明しやすいよ。

● ためしにいくつかつくってみると、きれいにできるよ。形や色を変えて、2つ目からは自分なりの作品をつくってみよう。

● 磁石は、ペースメーカーや磁気カード、精密機器などにちかづけないようにしよう。

● カッターなどを使うときは、ケガをしないように気をつけて、大人といっしょに使おう。

むずかしさ	★★☆
所要時間	1時間
テーマ	骨と筋肉（4年生）

紙パックでつくる ロボットハンド

身近にあるものを使い、ロボットハンド工作に挑戦しよう。
工夫しだいで、いろいろなものをつかんで動かすことができるよ。

ロボットハンドで
しっかりつかめた！

ハンド部分にモールを
セロハンテープで
はりつけると…

いちごがつかめた！

ロボットハンドのつくりかた

① 厚紙を切る

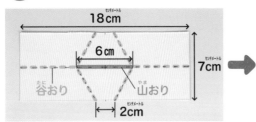

18cm

6cm

7cm

谷おり

山おり

2cm

厚紙を長方形（7cm×18cm）に切り、図の点線のように、おり目をつけるための線を引く。

1L紙パックの側面を使うと、このサイズになるよ。

② おり目をつける

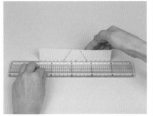

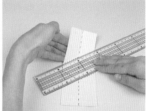

厚紙を中央でおり、反対側にもおって、両側におり目をつける。ななめの線にも、おり目をつけておく。

定規をあてると、おり目をつけやすいよ。

用意するもの

- ●マスキングテープ
- ●定規

結束バンド（2本）

厚紙（1L 紙パックなど）

穴あけパンチ

ストロー（2本）

油性ペン

※厚紙は、1L 紙パックのほか、おかしの空き箱や工作用紙など、かためのものが使いやすいよ。
※結束バンドは、長さ20cm程度、幅5mm以下のものを選ぼう。
※定規は、長さ30cmくらいのものが使いやすいよ。

③ ハンドをおる

中央部分をおし出し、両側のハンド部分が起き上がるように曲げる。中央部分をつまみ、ハンド部分が動くかどうか、ためしてみよう。

④ 穴をあける

中央部分の2か所にパンチで穴をあけ、この穴に結束バンドを通す。2本の結束バンドをストローに通して持ち手にする。

⑤ 完成

ここを引く

ここを持つ

ストローがぬけないように、結束バンドにマスキングテープをはる。ストローを持ち、結束バンドを引くと、ハンドが開閉する。

工作①
★ ★ ☆

ためしてみよう！

ハンド部分の大きさや形を変えてみよう。
持ち手に太いストローを重ねると、持ち手が強くなるよ。

🚩 チャレンジ①

身のまわりのもので、どんなものを、一度にいくつつかめるかな。ボールやキャンディなど、落としてもこわれないものを選ぼう。

🚩 チャレンジ②

はたらくロボットをイメージして、ものをつかんでみよう。くだものは、強い力でつかむと傷がついてしまうね。人を助けるときも、つかむ場所によっては、苦しいはずだよ。

工作 でサイエンス

▶ものをつかむときは、まさつ力がはたらきます。まさつ力の大きさは、ふれる面のすべりやすさで変わり、まさつ力が大きいほど、しっかりつかめるようになります。

発表のためのまとめ

ハンド部分の形を変えて、何をつかめたか、まとめてみよう。つかんだものの数や重さをくらべるとわかりやすいよ。実際にロボットハンドを使って見せよう。

むずかしさ
★★☆

所要時間
1時間

テーマ
空気と水の性質
（4年生）

大きなのっぽの水時計

色のついた液体が落ちてくる水時計を、身近な材料でつくってみよう。

用意するもの

- ブチルゴムテープ（防水テープ）
- 防水すきまテープ
- ストロー（2本）（口径4mm）
- 天然ゴム製指サック（大）
- 筒形の500mLペットボトル（2本）
- ビニルテープ
- 直径約8mmのビーズ
- BB弾
- たい水マスキングテープ
- ●水

※ラテックスアレルギーの人は、指サックの使用に注意。

あわが上がって、水が落ちている！

ぶく
ぶく

水時計のつくりかた

① ストローを切る

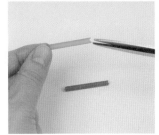

ストローを長さ4cmに切り、ビーズが穴をふさがないように、ストローの両はしにV字に切れこみを入れる。

② 防水すきまテープでまく

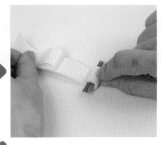

幅1.5～2cm、長さ9cmに切った防水すきまテープで、2本のストローをまく。

③ ビニルテープでまく

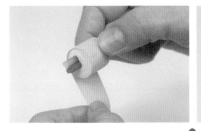

外側をビニルテープでまき、ペットボトルの口にぴったりはまるようにする。ビニルテープを少し長めにまき、少しずつ切りながらちょうどよい太さになるように調節するのがコツ。

④ ペットボトルにビーズを入れる

高価なBB弾やビーズはしずみやすく、水時計にしたときに動きが悪いことがあるよ。

2本のペットボトルに、それぞれ40個ほどのビーズまたはBB弾を入れる。

⑤ ペットボトルに水を入れる

片方のペットボトルに、ストローでつくった栓をする。

栓は全体の半分ほどをおしこむ

上部を5cmほど残す

もう片方のペットボトルには、水を入れる。水は口いっぱいに入れずに、上部を5cmほど残すようにする。

⑥ 指サックをはめる

指サックの先端を切り、水を入れたペットボトルの口に、まるまったほうを上にしてはめる。

⑦ ペットボトルをつなげる

水を入れたペットボトルに栓をおしこみ、2つのペットボトルをつなげる。

⑧ 指サックでつつむ

栓をしっかりはめたら、指サックのまるまった部分をのばし、つながった部分をつつむ。水気がある場合は、ティッシュペーパーでふき取る。

⑩ 完成

かざりとしてマスキングテープをまいて完成。逆さにして動きを楽しもう。

⑨ ブチルゴムテープをまく

その上から、ブチルゴムテープをしっかりとまく。

完成!!

ためしてみよう!

この水時計では、水が落ちきるのに3分くらいかかるよ。

■チャレンジ❶

ビーズの大きさや形を変えると、動きかたは変わるかな。

■チャレンジ❷

ストローの本数や太さを変えると、水が落ちきる時間は変わるかな。

工作 でサイエンス

▶1本のストローから水が落ちて、もう1本からあわ（空気）が出ています。水の通り道と空気の通り道が必要なので、2本のストローを使います。

▶筒の形（炭酸飲料用）のペットボトルに水を入れると、レンズのようなはたらきをして、ビーズが実物よりも大きく見えます。

発表のためのまとめ

①みんなに、ストローを変えると水が落ちきる時間が変わるか予想してもらい、教室でやってみせよう。
②結果を表にまとめて、わかったことを話そう。

ストロー	水が落ちきる時間
口径4mm・1本	?分?秒
口径4mm・2本	3分15秒
口径4mm・3本	?分?秒
口径6mm・1本	?分?秒
口径6mm・2本	?分?秒
口径6mm・3本	42秒

むずかしさ
★★☆

所要時間
2時間

テーマ
光の性質
（3年生）

イラスト投影機を
つくろう

とう明なシートに好きなイラストをかいて、かべに映し出してみよう。
絵が大きく映し出されるよ。

用意
するもの

牛乳パック（2本）
●カッター
●ハサミ

4.5×23cmくらいの
とう明プラスチックシート

懐中電灯

虫めがね

油性マジック

ビニルテープ

映画館に
いるみたい！

カッターなどを
使うときは、ケガをしないよう
に注意しよう。

イラスト投影機のつくりかた

① 牛乳パック①を切る

1cm

牛乳パック①の上
の角から1cmの
ところに線を入れ、
切りはなす。

①

② スライドを入れる穴をあける

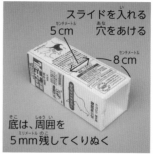

スライドを入れる
5cm 穴をあける

8cm

底は、周囲を
5mm残してくりぬく

下から8cmのと
ころにスライドを
入れるための穴を
あける。横5cmで、
幅は1～2mmく
らいの穴にしよう。
底はくりぬく。

③ 別の牛乳パック②を切る

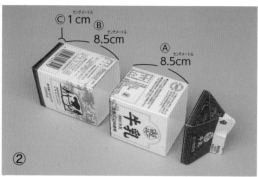

© 1cm ⑧
8.5cm

Ⓐ
8.5cm

②

牛乳パック②は下から1cm、そこから8.5cm
とさらに8.5cmのところに線を入れて、切り
はなす。

④ 牛乳パック②を切り開く

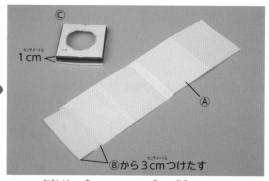

©

1cm

Ⓐ

⑧から3cmつけたす

Ⓐ:8.5cmに切ったⒶを切り開く。Ⓐのはし
に⑧から切りとった3cm分をテープではり
つける。©:底は虫めがねより少し小さめの
円をくりぬく。

⑤ 牛乳パックをまく

長さを調節し
ながらまく

牛乳パック①の周囲に合わせて、④のⒶをま
く。角の部分の長さを調節しながら、ぐるり
と一周まき、はしをテープでとめよう。

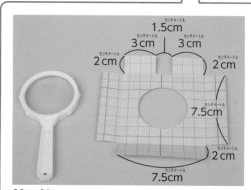

1.5cm
3cm 3cm
2cm 2cm
7.5cm
2cm
7.5cm

底の円がくりぬきにくいときは、工作用
紙などで©をつくってもいいよ。

❻ セットしてテープでとめる

❺に❹のⒸをはめこみ、ビニルテープでとめる。

❼ 投影機の本体完成

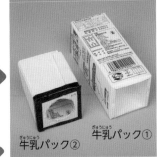

牛乳パック②　　牛乳パック①

牛乳パック①と牛乳パック②はこれで完成。2つをくみ合わせて使うよ。

❽ シートにイラストをかく

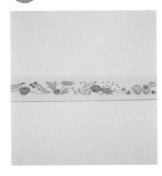

とう明プラスチックシートに好きなイラストをかこう。これがスライドになるんだよ。

❾ スライドを入れてできあがり

牛乳パック②の底の穴に虫めがねを重ねて、ビニルテープでとめる。牛乳パック①の切れこみにスライドを入れる。2つを重ねあわせて完成。

ためしてみよう！

🚩 **チャレンジ❶**　　イラストを映すかべまでの距りを変えるとどうなるかな？

🚩 **チャレンジ❷**　　虫めがねの大きさや種類を変えると、イラストの見えかたはどうなるかな？　懐中電灯の種類を変えるとどうだろう？

工作 でサイエンス

▶虫めがねで、イラストをかべや天井に映すことができます。映画館でもフィルムをスクリーンに映すために、虫めがねと同じ性質をもつ凸レンズを使っているところもあります。カメラもこれと同じ原理で、フィルムに像を映しているのです。

発表のためのまとめ

かべまでの距りや、虫めがねの種類を変えたときの見えかたをまとめて発表しよう。連続した絵をかいて、アニメのようにしてもいいね。

工作④

むずかしさ
★★☆

所要時間
3時間

テーマ
磁石 (3年生)

空手ゲーム盤をつくろう

ゲーム盤の底に操作棒をあてて人形を動かし、空手で対戦しよう。
棒の動かしかたによって、人形もいろいろとちがう動きをするよ。

やった～！ 赤の勝ち！

くるっ！

空手の選手がたおれたら負けなど、
ルールを決めて友だちと遊ぼう。

空手ゲーム盤のつくりかた

表面に1mmくらいの小さなでっぱりをつくり、このフタを2個用意する。でっぱりをつくると、コマのようにフタが回転しやすくなるよ。

① フタにでっぱりをつくる

わりばしを2cmほどはなして並べ、その上にペットボトルのフタをおいて、プラスドライバーでおす。

② ゲーム盤の脚をつくる

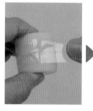
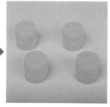

残りの8個のフタは、2個ずつセロハンテープではり合わせて、ゲーム盤の脚にする。

③ 工作用紙を切る

工作用紙を30cm×30cmの大きさに切り、4つの角に切れこみを入れる。

用意
するもの

ビニタイ(赤・青)　セロハンテープ　木工用接着剤
わりばし　　　　　　　　　　　　　ビニルテープ
人形の絵2人分　　　　　　　　　　　　両面テープ
工作用紙　　　　　　　　　　ペットボトルの
　　　　　　　　　　　　　　　フタ 10個
プラスドライバー　　　　　　　　　　ハサミ
●ボタン形フェライト磁石(4個)　　ストロー(口径6mm)

④ 箱形にする

切れこみに合わせて4つの辺をおって立ちあげる。角は切れこみ部分を重ねて、セロハンテープでとめる。

⑤ ゲーム盤に脚をつける

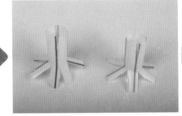

箱形になった工作用紙のうら面に、両面テープで②の脚をはりつける。これで、ゲーム盤のできあがり。

⑥ 人形を用意する

厚めの紙でつくった人形を2つ用意して、ビニタイの帯をつける。

⑦ 人形をストローにつける

長さ2cmに切ったストローを2個用意する。それぞれ下の部分に切れこみを入れて開く。上の部分には2か所に切れこみを入れて人形をはさみ、木工用接着剤をつけて固定する。

工作④ — ★ ★ ★ ☆

⑧ フタに磁石と人形をはる

❶のペットボトルのフタに両面テープで磁石をはりつけ、さらに磁石の上に両面テープで人形の片足をはりつける。

ペットボトルのフタにつける磁石の向きをおたがいに逆にしておくと、相手の人形が自分の操作棒にくっつかないんだ。

⑨ わりばしに磁石をおく

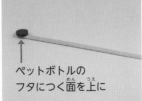

↑
ペットボトルの
フタにつく面を上に

人形に磁石をつけて、極の向きを確認する。それぞれの人形の下側についた磁石の面を上にして、わりばしの先におく。

59

⑩ 操作棒をつくる

磁石とわりばしの全体をビニルテープでまき、操作棒のできあがり。この操作棒で人形を動かして遊ぼう。

⑪ ゲーム盤の完成

ペットボトルのフタと人形の帯、操作棒にまくビニルテープの色などを、それぞれ赤や青などにそろえると、対戦するときにわかりやすい。ゲーム盤を色画用紙などでかざろう。

人形

※ 125 ％ に拡大コピーをして使おう。

図を厚めの紙にカラーコピーをして切り取り、表とうらをはり合わせてつくってもいいし、自分で絵をかいてもいいね。

ためしてみよう！

🚩 チャレンジ 操作棒にさらに磁石をつけて、磁石のはたらきを強くすると動きはどう変わるかな？　操作棒をうら側に向けるとどうなるかな？

工作 でサイエンス

▶図のように、磁石をつけた棒をななめにして、ゲーム盤の下で前におすと、それに引きつけられて上の磁石も前に動きます。でも、磁石がななめになっていると磁石の片側だけが強く引きつけられて、大きなまさつが生まれます。磁石が動くときに、このまさつがブレーキになって磁石が回転するのです。

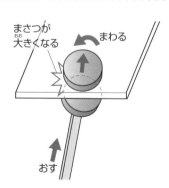

まさつが大きくなる

まわる

おす

むずかしさ
★★☆

所要時間
30分

テーマ
モーター
（3・4年生）

モーターとモールで走る振動カー

モーターを使って走る車をつくってみよう！
タイヤがなくても、モールだけで振動しながら走るよ。

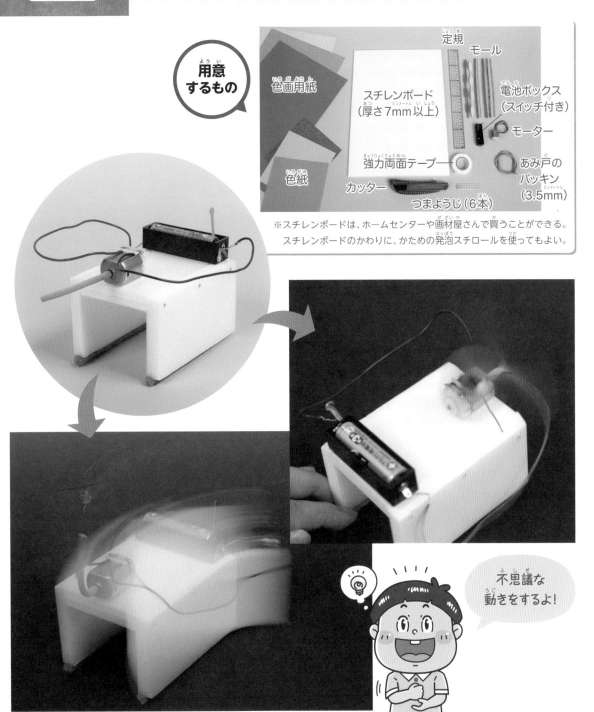

用意するもの

定規
モール
色画用紙
スチレンボード
（厚さ7mm以上）
電池ボックス
（スイッチ付き）
モーター
色紙
強力両面テープ
あみ戸の
パッキン
（3.5mm）
カッター
つまようじ（6本）

※スチレンボードは、ホームセンターや画材屋さんで買うことができる。
スチレンボードのかわりに、かための発泡スチロールを使ってもよい。

不思議な動きをするよ！

振動カーのつくりかた

1 パッキンをモーターに差しこむ

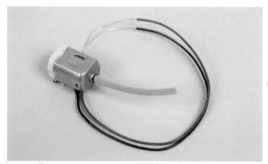

あみ戸のパッキンを5cmに切り、モーターのじくに差しこむ。

2 スチレンボードを切る

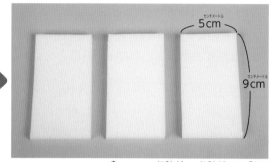

5cm
9cm

スチレンボードを切って(9cm×5cmを3枚)、車のボディになる3つのパーツをつくる。

3 スチレンボードをはる

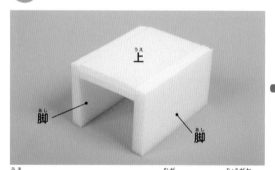

上
脚
脚

上にくるスチレンボードの長いほうの両側に両面テープをはり、そこに脚の部分になるボードをはりつける。

4 つまようじを差す

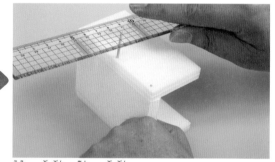

上の部分と脚の部分がしっかりつくように、つまようじを半分の長さに切って差しこむ。定規をようじの頭にあて、おしこむようにしよう。

5 モールをはる

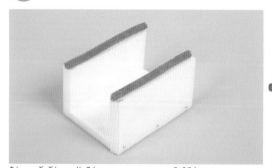

脚の部分の地面につくほうに両面テープをはり、モールをはりつける。

6 モーターを固定する

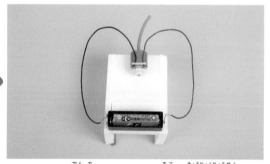

モーターと電池ボックスの底に強力両面テープをはり、ボディの上の部分にしっかりと固定する。

⑦ 完成（かんせい）

これで、振動（しんどう）カーの完成（かんせい）！

⑧ スイッチを入（い）れる

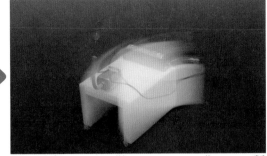

車（くるま）が振動（しんどう）しながら走（はし）る。モールの毛（け）なみで進（すす）む方向（ほうこう）が変（か）わるよ。

⚠ モーターの回転部分（かいてんぶぶん）に、顔（かお）や手（て）を近（ちか）づけないようにしよう。

ためしてみよう！

🚩 チャレンジ❶

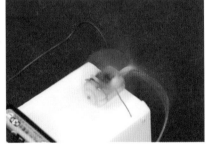

針金（はりがね）をじくにして、プラスチック板（ばん）でつくったプロペラをつけてみよう。つける位置（いち）によって、プロペラが回転（かいてん）したりしなかったりするので、いろいろためしてみよう。

🚩 チャレンジ❷

新聞紙（しんぶんし）の上（うえ）を走（はし）らせると速（はや）さが変（か）わるんだ。ひもを好（す）きな形（かたち）に曲（ま）げておき、その上（うえ）をまたぐように振動（しんどう）カーを走（はし）らせると、ひもの形（かたち）にそって進（すす）むよ。色画用紙（いろがようし）や色紙（いろがみ）などで好（す）きなかざりつけをして、自分（じぶん）だけの振動（しんどう）カーをつくって楽（たの）しもう。

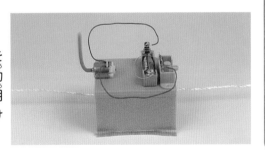

工作（こうさく）でサイエンス

▶ モーターのじくにパッキン（ゴム管（かん））をつけると、回転（かいてん）のバランスがくずれるために車（くるま）が振動（しんどう）します。モーターの回転（かいてん）エネルギーが振動（しんどう）エネルギーに変（か）わることで、振動（しんどう）カーが前（まえ）に進（すす）んだり、後（うし）ろに進（すす）んだりします。

発表（はっぴょう）のためのまとめ

脚（あし）の部分（ぶぶん）につけるモールの種類（しゅるい）によって進（すす）みかたが変（か）わるので、いろいろなモールを用意（ようい）して、どんな動（うご）きをするか、みんなで比（くら）べてみよう。

むずかしさ
★★☆

所要時間
1時間

テーマ
ゴムの力 （3年生）

宙返りプラコップ

つないだプラスチックコップをゴムの力で飛ばそう。
回転させることによって、いろいろな動きを観察できるよ。

くるくる

回転しながら
飛んでいくね！

宙返りプラコップのつくりかた

1 プラコップをつなげる

2個のプラスチックコップを底の面で合わせ、その周囲をセロハンテープでとめる。

2 輪ゴムをつなぎ合わせる

3本の輪ゴムを1本になるようにつなぎ合わせる。

用意するもの

●プラスチックコップ2個
●輪ゴム3本
●セロハンテープ

宙返りプラコップの飛ばしかた

輪ゴムをもっている手にあたるとうまく飛ばないので、指にあたらないように注意してね。

① コップを一方の手で持ち、コップの中心で、輪ゴムを親指でおさえる。

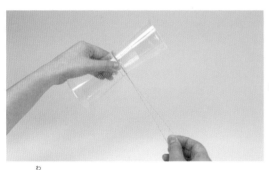

② 輪ゴムをのばしたまま、セロハンテープでとめた部分の上あたりを輪ゴムでぐるぐるとまく。4～5回くらいまくとよい。

③ 輪ゴムを前方にのばす。

④ 輪ゴムをはなさないようにしてコップを持つ手をはなし、コップを飛ばす。

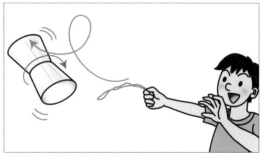

回転しながら飛んでいくよ。コップの回転を見やすくするために、ビニルテープをまいてもいいね。テープをまくと重さが変わり、コップの飛びかたも変わるよ。

✂ 工作❻
★★☆

ためしてみよう！

練習すると、
1回転させることも
できるよ。

🚩 チャレンジ

飛ばしかたをいろいろ工夫してみよう。コップを前向きに飛ばしてみたとき、コップを下向きに落としてみたとき、コップを横にして前に飛ばしてみたとき、コップを上向きに飛ばしてみたとき、下手投げで投げてみたとき、コップの飛ぶ距りや動きかたはどう変わるかな。また、コップの大きさや重さを変えてやってみよう。

コップを上向きに飛ばす

コップを横向きに飛ばす

工作でサイエンス

⚠ プラスチックコップを人に向けて飛ばしてはいけないよ。

▶ コップが回転しながら空気中を進むと、まわりの空気はコップの回転にひきずられて動きます（図参照）。図のように空気が動くとき、コップは赤い矢印の力を受けるので、コップはまがりながら進みます。

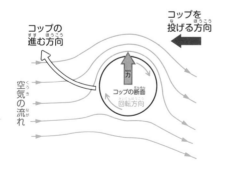

発表のためのまとめ

コップの飛びかたをまとめよう。コップの動きを観察して絵にかいていくといいよ。ゴムののばしかたを変えて、コップの飛ぶきまりやコップの飛ぶ距りを調べてまとめてみよう。

▶ 野球やサッカーのボールも、同じ原理でまがります。

むずかしさ
★★★

所要時間
4時間

テーマ
伝統工芸［織物］
（5年生）

オリジナル織り機で コースターを織ろう

牛乳パックでかんたんな織り機をつくって、織り機のしくみを調べよう。
オリジナルの毛糸のコースターがつくれるよ。

織り機のつくりかた

わたしも
つくる！

① 本体をつくる

6 cm 6 cm
3 cm

牛乳パックの底から6cmのところで切り取り、向きあう2辺は高さを下から3cmにする。高さ6cmの2辺に1cm間かくで6つずつ切れこみを入れる。

用意するもの

毛糸（1色でもできるがはじめてのときは3色使ったほうがわかりやすい）

牛乳パック1本

穴あけパンチ

カッターを使うときやパンチで穴をあけるときは、ケガをしないように注意して、大人といっしょにやろう。

●カッター ●ハサミ ●ペン

② 「そうこう」をつくる

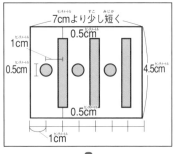

7cmより少し短く
1cm
0.5cm
0.5cm
0.5cm
4.5cm
1cm

牛乳パックのあまった部分を切り取り、左の図と同じように寸法の線を引く。灰色の部分をカッターや穴あけパンチで切り取る。

※「そうこう」とは、横糸を通すために、たて糸を上下に分ける織り機の器具のこと。

③ 糸を通す

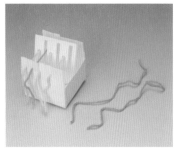

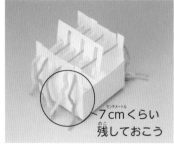

7cmくらい残しておこう

❶の織り機本体のまん中に❷の「そうこう」を入れ、左の写真のように糸を通していく。交互に色を変えるとわかりやすい。この糸がたて糸になる。たて糸はぴんとはっておこう。

※20cmくらいの毛糸を6本用意してたて糸とする。

④ 「ひ」をつくる

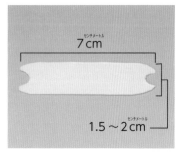

7cm

1.5～2cm

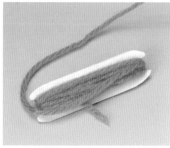

牛乳パックのあまった部分を切り取り、両側に半円の切れこみを入れる。「ひ」には18回くらい毛糸をまいておく。これが横糸になる（まく回数は毛糸の太さによってもちがう）。

※「ひ」とは、横糸を通すための道具のこと。

織りかた

※ ❸に出てくる「おさ」とは、織り目を整える道具のこと。

❶ 「そうこう」を上げて「ひ」を通す

「そうこう」を持ち上げると、たて糸が1本おきに上下に分かれる。その間に68ページの❹の「ひ」を通す。

❷ 「そうこう」を下げて「ひ」を通す

「そうこう」を下げて、今度は逆方向から「ひ」を通す。

❸ 「そうこう」を手前に引く

「そうこう」を手前に引いて、織り目を整える。ここでは「そうこう」が「おさ」の役わりもする。

❹ ❶〜❸をくり返す

❶〜❸をくり返し、最後まで織る。

※「ひ」を通すたびに織り目を整えるときれいに織れる。

❺ 織りあがる

本体から織ったものをはずし、「ひ」にまいてある糸を切る。

❻ 糸を結んで切りそろえる

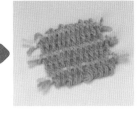

ほつれないように糸を結び、たて糸の長さを切りそろえたら、コースターのできあがり。

工作❼ ★★★

工作 でサイエンス

▶「そうこう」を上げ下ろしするだけで、たて糸が1本おきにうまく分けられていることがわかります。ここでは「そうこう」や「ひ」を自分の手で動かして織りましたが、機械はこれらの動きを自動化しています。自動化されて、産業は発達し、布を大量に生産できるようになったのです。

発表のためのまとめ

いろいろなコースターをつくってかざろう。長く織れば、ちょっとしたしき物になるよ。つくった織り機もいっしょに提出しよう。

むずかしさ
★★★

所要時間
2時間

テーマ
ものの溶けかた
(5年生)

ビー玉スライムをつくろう

まるくてコロコロと転がるスライム。絵の具で色づけすると、
ビー玉みたいにきれいなスライムができるよ。

転がして遊ぶと
楽しいね。

とう明な
ビー玉スライム

色つきの
ビー玉スライム

好きな色をつけてね。

ビー玉スライムのつくりかた

① 水とホウ砂をまぜる

500mLのペットボトルに8分目まで水を入れ、ホウ砂を25g入れて、よくまぜる。

② PVA洗たくのりとまぜる

プラスチックコップにPVA洗たくのりを入れ、その中にのりと同量の①の液をそっと入れる。

③ ゆっくりかきまぜる

あわだてないように、わりばしでゆっくりかきまぜる。

④ スライムを水で洗う

固まったスライムを取り出し、水で洗う。

⑤ 布でぬるぬるを取る

しめらせたもめんの布で、表面のぬるぬるを取る。

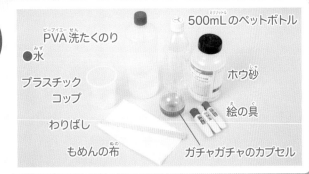

用意するもの

500mLのペットボトル
PVA洗たくのり
●水
ホウ砂
プラスチック
コップ
絵の具
わりばし
もめんの布
ガチャガチャのカプセル

⚠ ホウ砂は有毒だから、絶対に口に入れない
ようにしよう。実験後はよく手を洗ってね。

⑥ スライムをまるくする

両手で転がしながらまるくする。

⑦ カプセルに入れる

カプセルに入れて、くるくるまわす。

⑧ ビー玉スライムの完成

とう明なビー玉スライムが完成。転がして遊ぼう。

色のつけかた

※できあがったビー玉スライムは、カプセルの中にとじこめておけば、何日間かやわらかいままで楽しめるよ！
カプセルに穴があいている場合はテープで穴をふさごう。

❶ 完成したとう明スライムと絵の具を手のひらにのせ、まるくしながらこねる。

❷ 全体的によくまぜる。

❸ とう明なスライムとカラースライムをいっしょにして、球にする。

❹ 最後にカプセルに入れてまわすと、ビー玉のようなスライムになるよ。

ためしてみよう！

🚩 チャレンジ❶

色づけを工夫してみよう。いろいろな作品がつくれるよ。

🚩 チャレンジ❷

とう明なスライムを表面がツルツルした本の表紙におくと、だんだんつぶれてレンズのようになる。じっくり観察してみよう。

工作 でサイエンス

▶ ホウ砂の飽和水溶液（物質を限度の量までとかした液体）にPVAのりを水でうすめずまぜることで、ふつうよりかたいスライムをつくることができます。カプセルに入れてまわすと、スライムは遠心力でカプセルの内側のかべにおしつけられながら転がるので、きれいな球体になります。

発表のためのまとめ

さまざまな色やもようのスライムをつくり、写真をとってつくりかたを発表しよう。とう明なスライムを用意して、その場で注文におうじた色をつけてみてもいいね。

✂ 工作⑧ ★★★

71

調査
ちょうさ

調査をするときに気をつけること

- 調査するテーマを、あらかじめはっきりさせておこう。
- 調査をはじめる前に、本やインターネットを使って下調べをしておこう。
- 計画をしっかり立て、必要なもの（時計やメジャー、記録用紙など）をそろえる。
- 交通量の多いところや川、池などに行くときは、子どもだけで行かず、必ず大人といっしょに行こう。
- 話を聞いたりするときは、お礼を忘れないようにしよう。

調査❶

むずかしさ
★★☆

所要時間
3時間

テーマ
水・川
(4年生)

身近な水を調べよう

私たちの身近な水環境はどうなっているのか、
川や池の水は汚れているのか、観察や水質検査で調べてみよう。

用水路

川での採水

川には大人と
いっしょに行こうね。

身近な用水路での採水

調査のやりかた

❶ まわりにどんな水があるか調べる

私たちのまわりには、どんな水があるかを調べてみよう。家のまわりの川や用水路のほか、家の中にも水道水やミネラルウォーターがあるね。家の中にある水のリストをつくったり、家のまわりの地図をコピーして、家のまわりにある水の場所を探してチェックしてみよう。

家のまわり
⇒川、用水路、池、湖、わき水、雨水

家の中
⇒水道水、ミネラルウォーター、
　風呂、井戸水、水そう

500mLペットボトル数本（すうほん）（あらかじめ洗ったきれいなもの）

プラスチックカップ（プリンカップなどを洗ったものでもよい）

バケツ

パックテスト®（シーオーディー）（COD）

ひしゃく

ろうと

バインダー

記録用紙（きろくようし）

筆記用具（ひっきようぐ）（マジック）

ロープ（ひも）

温度計（おんどけい）

●ビニルテープ（白）（しろ）

家（いえ）のちかくにどんな川があるか調（しら）べて、天気（てんき）のいいときに出（で）かけよう。

② 川（かわ）を観察（かんさつ）する

川（かわ）を観察（かんさつ）して、シートに記録（きろく）する。シートには、川（かわ）の名前（なまえ）、調査（ちょうさ）した日時（にちじ）、気温（きおん）、水温（すいおん）、水（みず）の色（いろ）、におい、まわりの様子（ようす）などを記録（きろく）しよう。事前（じぜん）に記録（きろく）シートをつくっておくといいよ。水（みず）の色（いろ）や水量（すいりょう）、川（かわ）の全体像（ぜんたいぞう）、まわりの様子（ようす）がわかるように、写真（しゃしん）で記録（きろく）してもいいね。

③ 水（みず）をくむ

バケツやひしゃくで水（みず）をくむ。なるべく川（かわ）のまん中（なか）で水（みず）をくむこと。川（かわ）の水（みず）に手（て）がとどかないときは、ロープを結（むす）びつけたバケツでくむとよい。

川（かわ）の中（なか）や川（かわ）べりはすべりやすいので、十分（じゅうぶん）に注意（ちゅうい）しよう!

④ ラベルをはり、水（みず）を観察（かんさつ）する

水（みず）をろうとでペットボトルの口（くち）いっぱいに入（い）れてフタをする。ビニルテープでラベルをつくり、川（かわ）の名前（なまえ）を書（か）いてはっておく。水（みず）をカップに少（すこ）しとり、色（いろ）やにおいを観察（かんさつ）しよう。

ためしてみよう！

チャレンジ❶

パックテスト®（COD）を使って水質検査をしてみよう。CODとは、水中の汚れ（有機物）を化学的に分解しようとしたときに必要になる酸素の量のこと。水の汚れ具合の目安になる。

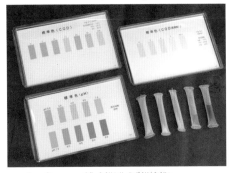
パックテスト®（COD、pH）

※お問い合わせは（株）共立理化学研究所（https://kyoritsu-lab.co.jp/）まで。

評価	0	0～2	2～5	5～10	10～
	きれいな水	少し汚染がある	汚染がある	汚染が多い	汚れた水

① くんできた水をカップにうつす。

② チューブの先の黄色い糸を引きぬく。

③ 穴を上にして、指でチューブをおりたたみ、中の空気を出す。

④ 穴を水に入れ、指が水にふれないようにして半分くらいまで水をすいこむ。

⑤ かるくふり、指定の時間がたったら標準色の上において色をくらべる。

チャレンジ❷

おいしい水とはどんな水だろう。くんですぐの水道水やふっとうさせた水、浄水器を通した水、ミネラルウォーターなど、いろいろな水を家族で飲みくらべてみよう。ボトルのラベルにはってある成分表を見てちがいを調べてみよう。

調査でサイエンス

▶地球上に水があったおかげで生命が生まれ、生物のすめる環境がつくられました。水道水や身近な川を知るために、水辺に出かけて調べることはとても大切です。水道水のもとは川の水ということを知って、川の水や環境について考えてみましょう。

発表のためのまとめ

家のまわりや家の中の水リストをつくってみよう。身近な川などを写真にとり、調査したデータや感想とともに水環境マップをつくるのもいいね。飲みくらべた水の感想も表にしてみよう。

家のまわりや家の中の水リスト

家のまわり	家の中
川	水道水
池	水そう
ぬま	お風呂
用水路	ミネラルウォーター
雨水	井戸水

調査❷

むずかしさ
★★☆

所要時間
2時間

テーマ
はたらく人と仕事 （3年生）

お店の人に話を聞こう

身のまわりのお店にも知らないことはたくさん。
お店の人にお願いして、どんな仕事をしているのか学ぼう。

協力してくれたのは
まちのお風呂屋さん。
ふだんは見られない裏側も
案内してくれたよ！

取材協力：矢向湯（神奈川県横浜市）

調査のやりかた

① 話を聞きたいお店を決める

自分の住んでいる地域を調べて、話を聞いてみたいお店を考えよう。どんなことを質問してみたいかな？　よく使うお店や、地域の人に親しまれているお店など、自分にかかわりの深いお店を選ぶと面白いかもしれないね。

② お店に連絡する

大人にお願いして、電話やメールなどで見学の申し込みをしてもらおう。学校の勉強のためだということを伝えると受け入れてもらいやすいかもしれない。友だちをさそって何人かで行くのもいいね。

③ お店に行く前に準備をする

見学をする前に、そのお店がどんなことをしているか、わかることをインターネットなどで調べておこう。
それから、どんなことを知りたいか、質問することをあらかじめまとめておくといいよ。

見学に出かける

用意するもの
- ●ノートやメモ帳
- ●筆記用具
- ●カメラなど

何人かで行くときは、写真をとる人、質問する人、メモする人などを分担するといいね。お店の人が話してくれることはしっかり聞こう！

見学の注意

- ●大人といっしょにお店をたずねよう。
- ●お店の人にはきちんとあいさつやお礼をしよう。
- ●あらかじめ、写真をとっていいか確認しよう。
- ●お店のものには勝手にさわらないように。
- ●まわりに注意して見学しよう。

よろしくお願いします！

お風呂屋さんを見学！

お店の人に案内してもらいながら、ふだんの仕事を教えてもらった。

1 裏にはたくさんの木材が！

このお風呂屋さんでは燃料に木材を使っている。木は近くの港から出たもの。大きな荷物を包むための木箱をつくったときにできたあまりの「端材」や、使いおわった木箱などをばらしてできた「廃材」だ。もうほかには使えない、ごみになってしまうものを燃やすため、環境にもやさしい。

2 お湯をわかす「元釜」

「元釜」と呼ばれる装置の中で木を燃やす。元釜には水がためられていて、その中にある管を熱い空気が煙突まで通り抜けることで水が温まる。お湯をわかし続けるためには、燃料の木がなくならないように気をつけなければいけないから大変。でも、ガスを燃やすよりも安くすむんだ。

3 お風呂の水とシャワーの水は別？

浴そうの中に入っているのは、うっすら茶色い温泉。でも、シャワーに使っているのは透明な水道水だ。お風呂の裏にはたくさんの管があって、違う種類の水が混ざらないようにしながら、元釜の熱を使って温めている。お湯を混ぜずに水を温める「熱交換」という仕組みだ。

4 水をきれいに保つために

浴そうのお湯は、よごれをとりのぞくため、フィルターの入った大きな機械に通して「ろ過」をしている。また、消毒するために、プールに入れるような「塩素」を少しだけ溶かしているんだ。理科で習うことが、身近なお風呂屋さんでもたくさん使われているんだよ。

ためしてみよう！

お店の人にお願いして、仕事を少し手伝ってみよう。

🚩 チャレンジ❶

いちばん大変なのは……そうじ!

仕事のなかでもそうじが特に大変なんだって。やり方を教えてもらいながら、お風呂場を洗剤とブラシでごしごし。とても疲れる仕事だけれど、これを毎日やっているんだね。手伝ってはじめてわかる苦労だ。

🚩 チャレンジ❷

「塩素」の濃さを調べるのも大切

消毒のために溶かしている「塩素」は、決まった濃さになっていなければならない。浴そうからくんだお湯に塩素を調べる薬品を溶かして、ちゃんとした濃さになっているかチェックするのも仕事だ。

🚩 チャレンジ❸

最後にお風呂に入れてもらったよ!

とっても気持ちいい！ 最後はお礼を忘れずに。「ありがとうございました！」

> 話を聞いたあと、あまり時間がたたないうちにレポートをまとめることがポイントだよ！

発表のためのまとめ

とった写真と書いたメモをまとめて、レポートにしよう。
- どうしてそのお店を選んだのか（理由）
- お店に行く前にどんなことを調べたか（調査）
- どんなお店なのか（紹介）
- じっさいに何を教えてもらったのか（内容）
- どんなことがわかったか（考察）
- どんなことを感じたか（感想）

などにわけて書いてみるといいよ。

編著者

NPO法人ガリレオ工房

「科学の楽しさをすべての人に」を合言葉に、日本で最も古くから科学教育振興を目指して活動してきた団体の1つ。メンバーは教員、エンジニア、科学ボランティアなど。2002年に第36回吉川英治文化賞受賞。世界初の実験はテレビ等で取り上げられ、多くの書籍が刊行されている。近年は、教育格差をなくすため、たくさんの地域の子どもや科学ボランティアの方々とつながり、オンライン実験教室を開催している。

白數哲久（NPO法人ガリレオ工房理事長　昭和女子大学教授）

執筆者

白數哲久 ………… 自由研究をレベルアップ、p29・36・45・52
塚本萌太 ………… p18
小岩嘉隆 ………… p20
滝川洋二 ………… p22
川島健治 ………… p22
勝部寅市 ………… p24
古野 博 ………… p26・32・70
伊知地国夫 ……… p38・55
にしき ………… p40
福岡佳樹 ………… p42
岩熊孝幸 ………… p50
稲田大祐 ………… p58
上田 隆 ………… p61
月僧秀弥 ………… p64
吉田のりまき …… p67
榎本正邦 ………… p73
正籬 卓 ………… p76

編集・校正　白數哲久、正籬卓、有限会社くすのき舎

撮影　伊知地国夫、谷津栄紀、下村孝

取材協力　矢向湯 岩代仁（p76）

モデル　キャストネット・キッズ（竹内圭哉、友利紅怜亜）香織、環奈、杉野拓磨、奈々、直太郎、大宮滉人、渡邉安珠

キャラクターイラスト　いわたまさよし

イラスト　I.Lu.Ca（品川・藤原・池田）、中村滋

本文デザイン・DTP　松川直也

編集協力　コバヤシヒロミ

参考文献

『ガリレオ工房の科学遊び PART2 おもしろ実験 新ワザ66選』滝川洋二／山村紳一郎編著　実教出版
『ガリレオ工房の科学遊び PART3 親子で楽しむ知的刺激実験57選』滝川洋二／古田豊／伊知地国夫編著　実教出版
『小学館の図鑑NEO［新版］科学の実験 DVDつき』ガリレオ工房監修　小学館

できる！ 自由研究　小学3・4年生

2024年6月10日　第1刷発行

編著者　NPO法人ガリレオ工房
発行者　永岡純一
発行所　株式会社永岡書店
　　　　〒176-8518
　　　　東京都練馬区豊玉上1-7-14
　　　　TEL 03-3992-5155(代表)
　　　　TEL 03-3992-7191(編集)
印　刷　誠宏印刷
製　本　ヤマナカ製本

自由研究のまとめ用紙はQRコードを読み取ってダウンロードできます
（パスワード：matome34）

※通信料が発生する場合があります